LE MAIRE, L'ARCHITECTE, LE CENTRE VILLE...
ET LES CENTRES COMMERCIAUX

Jean-Noël Carpentier
Maire de Montigny-lès-Cormeilles
David Mangin
Architecte-urbariste

avec la collaboration de
Yann Garboulac

©2017, Jean-Noël Carpentier
Éditeur BoD - Book on Demand
12/14 rond-point des Champs Elysées - 75008 Paris

ISBN : 9782322156658

Dépôt légal : Mai 2017

Le maire, l'architecte et la RD14

Le maire et l'architecte. Ces deux-là un jour ou l'autre sont amenés à se rencontrer. Le maire gère et pilote la ville. L'architecte la pense et la façonne. L'architecte propose, le maire dispose. L'architecte cherche à vendre ses idées, le maire à se les approprier. La collaboration pourrait être féconde ; las, elle est le plus souvent éphémère. Question d'agenda, question de priorités politiques, questions d'ego aussi. A qui doit-on cette médiathèque, ce gymnase, ce groupe scolaire ? A la vision de l'édile, ou au génie de l'homme de l'art ?

Jean-Noël Carpentier et David Mangin, eux, forment un couple original. Pas d'œuvre, pas de production visible à ce jour, et, pourtant, depuis sept ans, ils font route ensemble, au sens propre comme au sens figuré. Ce qui les lie n'est ni un intérêt politique, ni un intérêt professionnel, ni un besoin de valorisation personnelle, mais bien une cause commune.

David Mangin, avant d'être architecte, est urbaniste. Son travail n'est pas seulement d'ériger des bâtiments, là où l'on veut bien offrir un terrain d'expression à sa créativité. Il est aussi de panser les plaies de territoires urbains, qui, trop souvent, se sont développés, sans que personne ne prenne jamais le temps de les penser. L'homophonie est un peu facile, mais elle fait sens.

Jean-Noël Carpentier est, lui, un maire qu'on qualifiera de compétiteur. Il aurait pu gérer l'existant – Montigny-lès-Cormeilles, ville de moyenne banlieue de 20000 habitants à 30 minutes en train de Paris, est somme toute plutôt agréable à vivre avec ses espaces verts bien entretenus, ses bois, son petit marché… Au lieu de quoi, il s'est lancé dans un combat, qui dépasse de loin la temporalité d'un mandat politique. Peut-être parce qu'il n'a pas été anesthésié, ni mithridatisé par la transformation source, lente mais profonde du paysage urbain, monsieur le maire espère enrayer un processus qui saute aux yeux du visiteur de passage : Montigny n'a pas de centre-ville.

La faute à qui ? La faute à quoi ? La faute à cette RD14, ancienne route nationale de Paris au Havre, l'un de ces grands axes radiaux, qui, partant de la capitale, foncent droit vers la province, ignorant superbement les territoires qu'ils traversent. A Montigny, la RD14 s'appelle boulevard Bordier, à Herblay, ville voisine elle s'appelle boulevard du Havre, mais cela ne trompe personne. Sur environ 5 kilomètres, en traversant plusieurs communes, la départementale prend la forme d'une autoroute urbaine, bordée d'une succession de « boîtes à chaussures » commerciales. Des petites, des moyennes, une poignée de très grosses, dédiées pour la plupart à l'équipement de la maison et de la personne, au milieu desquels s'intercalent quelques reliques de pavillons transformés en agence immobilière, point de vente de fenêtres, de cuisines ou encore en fast-food.

Avec son bitume fatigué, ses trottoirs quasi inexistants, ses panneaux publicitaires à la pelle et ses enseignes criardes, se poussant des coudes pour attirer le chaland, le lieu incarne bien cette « France moche » des périphéries, que les médias brocardent à intervalles réguliers, sans vraiment s'y intéresser. Pourtant, l'essentiel n'est pas là. Le problème de la RD 14 à Montigny, avant d'être esthétique, est d'abord urbain, et donc social. La route passe en plein cœur de la commune et devient vite un obstacle infranchissable, lorsque, chaque samedi, la voie - qui dessert aussi les zones commerciales adjacentes d'Herblay et Franconville, se transforme en dégueuloir automobile.

Et ce n'est pas tout. Non seulement la RD14 sépare, mais les grandes surfaces qui se sont installées sur son pourtour ont étranglé peu à peu le petit commerce de centre ville, jusqu'à le faire quasiment disparaître. Face à cette situation, les élus de Montigny ont refusé de céder au fatalisme. C'est ainsi qu'ils ont fait appel à David Mangin, en lui confiant une double mission: remettre de l'ordre dans l'offre commerciale de la RD14, et y greffer un nouveau centre-ville, en y planifiant des équipements culturels, des logements, des bureaux, des transports en commun de qualité, des services publics et des commerces de proximité, bref en la réintégrant dans un espace public réellement urbain. Toute la difficulté étant de persuader les grandes enseignes de les accompagner dans ce projet, ou de trouver les modèles économiques pour les y inciter.

Ce qui se joue là n'est pas anodin. La situation de Montigny peut sembler caricaturale. Mais elle est bien symptomatique d'un problème français. Augmentation du taux de vacance commerciale dans les centres-villes, apparition de friches en périphérie, quand les anciennes zones commerciales sont supplantées par des nouvelles... Le constat est connu et largement partagé. David Mangin a été l'un des premiers à tirer la sonnette d'alarme en publiant il y a douze ans « La Ville franchisée » (La Villette, 2004) puis « Du Far-west à la ville » (Parenthèses, 2014). Les pouvoirs publics se sont saisis de la question. Des « ateliers territoriaux » ont été lancés par le ministère, la RD14 (sur les territoires de Montigny, Herblay, Pierrelaye) faisant partie des sites pilotes, et récemment, l'Inspection générale des finances (IGF) et le Conseil général de l'Environnement et du Développement durable (CGEDD), des institutions, qui, jusqu'à preuve du contraire, ne sont pas hostiles à l'activité économique, ont publié des rapports au contenu plus alarmiste que ne le laissent penser leurs titres (« La revitalisation commerciale des centres-villes », octobre 2016, et « Inscrire les dynamiques du commerce dans la ville durable », mars 2017)

Tout ce petit monde – élus, urbanistes, chercheurs, hauts fonctionnaires - arrive à la même conclusion : certes la désertification commerciale peut s'expliquer par différents facteurs urbains (stationnement, transports collectifs, voies piétonnes...), financiers (prix des loyers commerciaux, prix du mètre carré mal adapté...) ou commerciaux (concurrence d'internet...) mais si la France veut préserver son art de vivre et sa cohésion sociale, il est urgent de

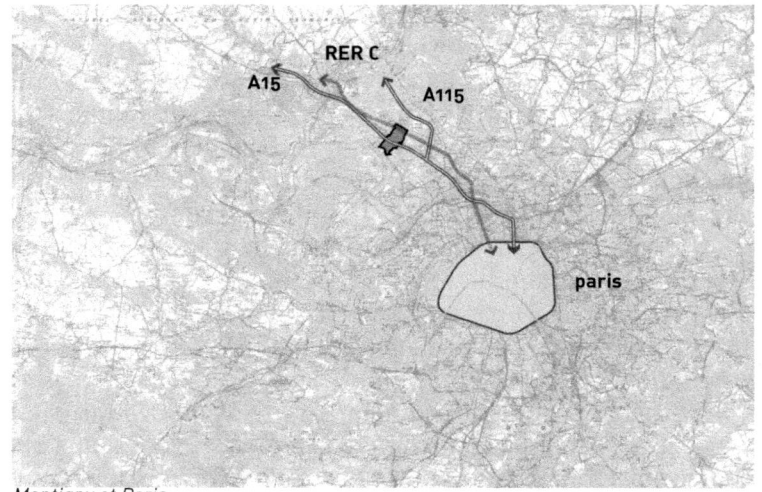

Montigny et Paris

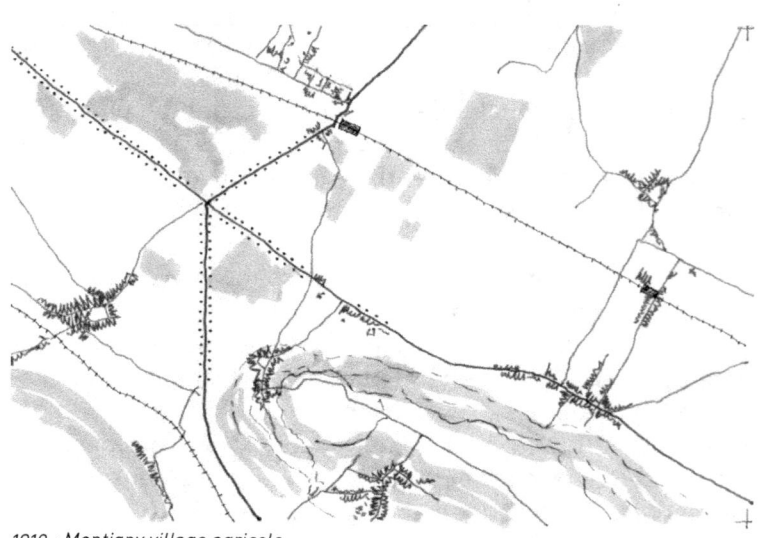

1910 : Montigny village agricole

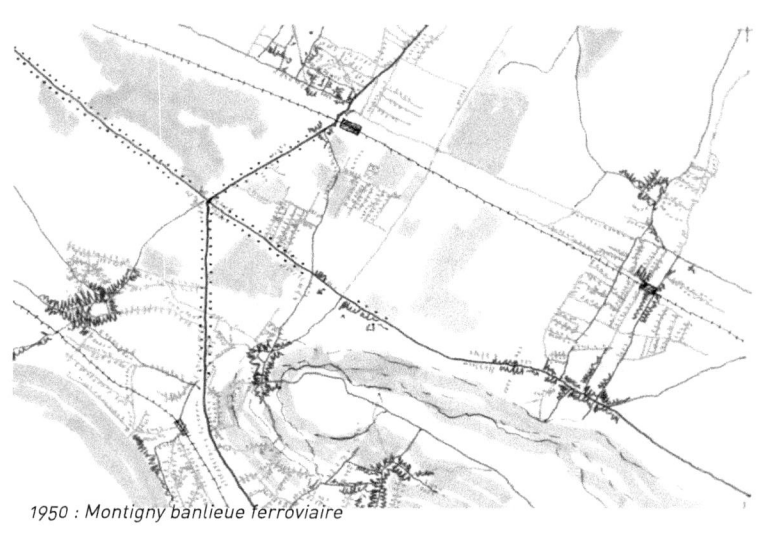
1950 : Montigny banlieue ferroviaire

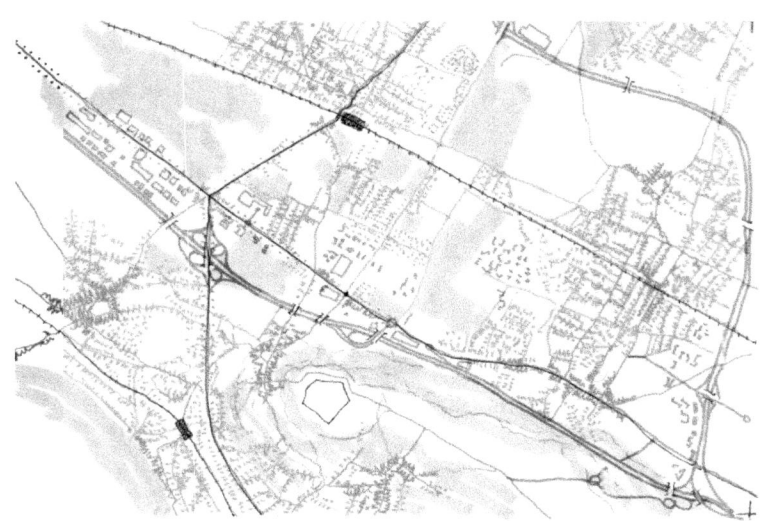
2010 : Montigny et l'autoroute

mettre un terme aux implantations exponentielles et anarchiques de centres commerciaux qui dévastent les entrées de ville, les rocades et qui tuent le commerce de proximité dans les villes. Les élus, également, font de plus en plus le constat amer du déclin de leurs centres-villes, après avoir eux-mêmes autorisé l'implantation de centres commerciaux en périphérie.

Malheureusement, face à ce constat, l'État ne propose que quelques mesures techniques timides[1]. Souvent il renvoie le problème aux acteurs locaux à l'instar du rapport de l'IGF qui précise presque cyniquement que « si le commerce est d'abord l'affaire des commerçants, il revient aux élus, responsables de la ville et de l'intercommunalité, d'engager et de mettre en œuvre une stratégie globale adaptée à la situation de leur territoire ». Les décideurs politiques gouvernementaux sont comme tétanisés devant l'ampleur du phénomène ou peut-être par la force des lobbys des grandes enseignes. La réglementation nationale ne permet pas aux « élus locaux » de trouver des solutions simples, efficaces et rapides pour empêcher la dévitalisation de leurs centres-villes ou pour les redynamiser. D'ailleurs, l'Association des maires de France (AMF) a souvent débattu de cette question sans pour autant formuler des propositions d'action claires.

Face à cela - et tant pis si les outils juridiques et réglementaires ne sont pas suffisants - de plus en plus de maires passent à l'action partout en France. Ils sont rejoints par des habitants qui veulent réhumaniser leurs villes, tout en devenant des consommateurs plus responsables.

Du côté des grands groupes de la distribution, la responsabilisation tarde à venir. Et si certains admettent qu'à l'ère d'internet et des circuits courts les hypermarchés alimentaires et non alimentaires sont en perte de vitesse, rien ne bouge. Pire même, en 2016, le volume de surfaces commerciales autorisées a augmenté de 22 % quand l'INSEE

---

[1] Le ministère de l'Économie et des finances, vient d'ouvrir un portail internet consacré à la sauvegarde et au développement des centres-villes www.entreprises.gouv.fr/coeur-de-ville Il est destiné à récapituler l'ensemble des mesures et des expériences sur cette question.

estime à +1,6 % la croissance de consommation des ménages, et plus de 90 % de ces surfaces ont été créées en périphérie.

Dans une récente prise de position[2] qui a fait sensation le patron de Monoprix, Régis Schultz, critique cet état de fait. Il affirme que « les centres commerciaux contribuent à la destruction du lien social ». Il demande même un moratoire sur le développement commercial à la périphérie des villes. D'autres professionnels du commerce lui emboîtent le pas et affirment que les centres commerciaux de périphérie ont un impact négatif sur l'environnement et sur le marché du travail, puisqu'ils détournent la clientèle des centres-villes provoquant la destruction des emplois de proximité. Et Franck Gintrant, le président de l'Institut des centres-villes de renchérir en parlant de « ras-le-bol »[3] face au diktat des promoteurs des grands centres commerciaux qui poussent les enseignes à s'installer en périphérie au détriment de la bonne santé de nos villes.

La mutation des vieilles zones commerciales, comme celle de la RD14 s'inscrit dans ce contexte difficile. Pourquoi s'y intéresser et a fortiori y investir, alors qu'il est si simple

---

[2] « Les centres commerciaux contribuent à la destruction du lien social », interview de Régis Schultz dans Le Figaro, le 2 février 2017
[3] « Les centres commerciaux de périphérie sont un problème », point de vue publié sur le site www.businessimmo.com

RD14 au niveau du carrefour de la Patte d'Oie d'Herblay

de les rentabiliser tout en construisant toujours plus grand toujours plus loin ? Sans changement réglementaire, sans implication réelle de la puissance publique pour réguler la concentration commerciale et sa concurrence avide, pas de sortie de crise possible. Il faut une prise de conscience rapide des enjeux. Ce petit livre d'entretien entre un maire éclairé et un urbaniste citoyen souhaite modestement y contribuer à partir d'une expérience de terrain.

La ville franchisée
par Jean-Noël Carpentier

Comme tout le monde, je fréquente les grandes enseignes. Mes filles ont été habillées en Décathlon. Nos courses, nous les faisons souvent chez Carrefour. Et j'ai passé des heures à rechercher des boulons chez Leroy-Merlin quand je retapais mon pavillon. Je n'ai rien contre le commerce, ni contre les centres commerciaux, qui à leur manière, participent à l'attractivité de notre ville.

Seulement, j'ai une conscience citoyenne. Et je ne me résous pas à ce qu'en ce XXIe siècle, que l'on dit inscrit sous le double signe du développement durable et du vivre-ensemble, Montigny n'ait pas le droit à un minimum d'urbanité, autrement dit à un véritable centre-ville permettant aux habitants de se rencontrer autour d'activités diverses.

Je ne me résous pas non plus à ce que sa principale artère – le boulevard Bordier – soit utilisée comme voie de desserte par 30000 automobilistes venant de toute la région parisienne, créant pollution, nuisances, et une quasi-impossibilité de circuler le week-end et les jours de forte affluence pour les habitants de la commune.

Ce constat, je ne suis pas le seul à le dresser. La pétition que la municipalité a lancée à l'automne 2015 contre les bouchons qui saturent notre commune a reçu un accueil favorable de la population.

L'État, le Conseil départemental et l'Aggloméra-

Inflation publicitaire sur la RD14

tion du Val Parisis ne nous entendent pas suffisamment. Certes ils comprennent nos revendications mais les mesures concrètes et les investissements financiers tardent à venir. Pourtant, en termes de voirie et d'organisation de la circulation des solutions relativement simples existent. Il faut rénover le carrefour de la patte d'oie d'Herblay qui est un véritable entonnoir qui sature l'ensemble de la RD14. Parallèlement il faudrait créer une nouvelle bretelle d'autoroute pour accéder directement à la zone commerciale « les Copistes » (Décathlon, FNAC, Darty...) afin d'éviter que les automobilistes utilisent la partie de la RD14 qui se trouve à Montigny comme un itinéraire bis.

Ces projets sont depuis longtemps évoqués. Les archives du Conseil départemental débordent d'études concernant le carrefour de la patte d'oie et l'État sait bien que les dispositions au PLU sont prises pour permettre la construction de la bretelle d'autoroute. Mais rien ne se passe concrètement. Personne ne veut payer ces ouvrages de quelques millions d'euros.

Notre tentative de tester la réduction la circulation à deux fois une voie en février 2017 répondait à la même logique : prouver que Montigny souffre d'abord d'une circulation de transit, et renvoyer l'État, la Région, le département et l'Agglomération du Val Parisis à leurs responsabilités. Devant l'opposition conjointe du conseil général, qui reste pro-route, des grandes enseignes de commerce de la zone qui, dans une vision financière court-termiste, ne veulent rien changer et de certains élus de l'agglomération enfermés dans des considérations politiciennes, nous avons dû y renoncer. Néanmoins notre volonté d'agir reste intacte. Cette initiative a tout de même permis une prise de conscience de tous les acteurs. Dorénavant chacun s'accorde à dire que la situation ne peut pas rester en l'état.

Ces aménagements routiers que nous réclamons ne visent pas en effet à contraindre, punir, ou empêcher. Ils relèvent d'une stratégie globale. Un rêve, qu'on peut juger utopique, mais que je considère, pour ma part, réaliste.

Pétition lancée par la ville de Montigny en 2015, pour obtenir des « aménagement routiers». Une condition importante pour l'instauration d'un centre-ville.

Celui de redonner un centre-ville à notre commune. Que la RD14 ne soit plus un obstacle, mais un lien réunissant les différents quartiers de Montigny. Qu'à terme l'hydre autoroutier laisse la place à un petit cousin banlieusard des Grands boulevards branché sur une place centrale. Avec des magasins en pieds d'immeubles de logements, des bureaux, des lieux de culture, de loisirs, des commerces de proximité, et même, pourquoi pas, des terrasses, comme avant le règne du tout automobile, il en existait.

Cette ville passante, cette ville pour tous – chalands, habitants, travailleurs - c'est celle que tente de promouvoir David Mangin. C'est d'ailleurs en l'entendant un soir sur le plateau d'une émission de télévision - « Complément d'enquête » - consacrée à la « France défigurée » que m'est venue l'idée de le solliciter. David Mangin est un spécialiste de la couture urbaine. Avec Seura architectes, il a raccommodé le quartier des Halles à Paris, travaille à rebrancher l'arrivée de l'autoroute A7 à l'hyper centre de Marseille, construit un quartier autour d'une ancienne piste d'aviation à Toulouse... Ce qui a été fait là-bas peut l'être également ici. Il faut juste s'en donner les moyens. Pour cela, il faut bien l'avouer aussi, il faudrait que les élus locaux du territoire laissent de côté pour un temps leurs appartenances partisanes et leurs concurrences locales. L'intérêt général, l'intérêt du territoire, l'intérêt des habitants commandent s'entendre autour d'un projet commun qui dynamisera toute l'agglomération.

Montigny-lès-Cormeilles
par David Mangin

Avant de venir y travailler il y a sept ans, je ne connaissais pas Montigny-lès-Cormeilles. Ou très peu. C'était un panneau routier parmi tant d'autres sur la route de Normandie que j'empruntais, enfant, pour me rendre dans la maison de mes grands-parents. C'était aussi l'une de ces portions de ville franchisée, qui nourrissait mes réflexions. Ces lieux que les pouvoirs publics, renonçant à leurs compétences d'aménagement, ont abandonnés aux grandes enseignes de la distribution et aux ingénieurs de voiries.

Quand Jean-Noël Carpentier m'a contacté, avouons-le, je me suis interrogé. Il voulait recréer un centre-ville, là où il n'y a que négation de l'urbanité. Je lui ai dit « ouh là, vous savez, ça risque d'être très compliqué, on ne bouge pas les choses comme ça ». Bien sûr, Montigny a ses atouts. Le bourg historique, perché à l'écart sur sa colline, a des airs de villégiature heureuse de l'entre-deux-guerres. Les quartiers de pavillons déploient leurs alignements de villas Sam'Suffit à l'ombre des platanes bientôt centenaires. Enfin, la ZUP, même si elle a été littéralement parachutée au début des années 70, n'est pas la plus mal construite, et les opérations lancées dans le cadre du plan national de rénovation urbaine (PNRU) ont permis de requalifier avec succès les espaces publics.

Mais voilà, il y a cette balafre. Cette coupure qui déchire la commune de part en part. Même pas une zone commerciale cohérente, avec ses circulations piétonnes entre chaque enseigne, comme on en construit aujourd'hui. Non, juste une juxtaposition de boîtes et de parkings, hermétiques les uns aux autres, où l'idée même de flânerie est immédiatement écartée. Une ville pensée purement pour sa fonctionnalité, mais dont la fonctionnalité, précisément, a fini par disparaître, victime de la congestion automobile.

Face à pareille situation, la plupart des maires cèdent au fatalisme. Ils se réconfortent en pensant à l'économie que génèrent ces grandes surfaces. Même si les études le montrent : à chaque nouvelle opération, la création d'emplois se fait non seulement au détriment des territoires proches, la zone commerciale de Pierre déplumant la zone commerciale de Paul. Mais également au détriment du petit commerce, comme l'illustre l'exemple de Montigny.

Jean-Noël Carpentier, lui n'est pas de ces maires

prêts à capituler. Peut-être parce qu'il est doté d'une vraie sensibilité urbaine. Il ne se contente pas de quelques jardinières en guise d'agrément urbain. Il aime sa ville et étudie finement le paysage pour en révéler les potentialités : le réseau de petits bois, ponctuant le territoire de la commune, qu'il a sanctuarisé, nettoyé, et ouvert à la promenade, la source à l'orée de la forêt du Parisis redécouverte et mise en valeur, les petits jardins familiaux en lieu et place d'anciennes friches, et puis cette bucolique « allée des impressionnistes » rendue aux circulations douces, là où, au cœur de la ZUP, le département et l'Etat s'étaient jadis mis en tête d'aménager un troisième axe traversant, en sus de la RD14 et de l'A15. Un de plus...

Avec toutes ces aménités, Montigny-lès-Cormeilles pourrait et devrait même être une ville de la banlieue ouest « comme les autres ». D'autant que la proximité des nouvelles gares du Grand Paris, l'arrivée probable d'un transport en site propre, et l'aménagement de la future grande forêt de Pierrelaye lui assurent une belle attractivité. Montigny a tous les atouts pour prospérer. Il lui faut juste construire son cœur. Cela prendra du temps, cela demandera beaucoup d'énergie, mais, soyez en sûr, cela méritera largement tous les efforts déployés.

Interview croisée

Jean-Noël Carpentier, vous dîtes avoir découvert David Mangin à la télévision en 2010. Qu'est-ce qui vous a tant frappé dans ses propos pour que vous décidiez de le consulter ?
JNC : Il était précis, ferme dans ses positions, et, comme lui, je ne parvenais pas à me faire à l'idée qu'un centre commercial, ayant amorti son investissement depuis des années, refuse de réinvestir une partie de ses bénéfices dans un projet d'aménagement urbain, qui à la fois sert ses intérêts et profite à la population de Montigny. Surtout quand cette population compte pour une part très importante dans son chiffre d'affaires. Je suis d'un naturel enthousiaste, et je pensais qu'en développant un projet séduisant avec un architecte de renom, nous n'aurions aucun mal à susciter l'adhésion.

Et que lui avez-vous demandé à votre architecte ?
JNC : Un plan global pour réintégrer le boulevard Bordier à la ville. Faire muter graduellement ce linéaire de « boîtes à chaussures » qui abîme le paysage et le lien social. Y construire des logements à taille humaine, des équipements culturels, des écoles, des crèches, des centres médicaux, des services de proximité pour les habitants. Dans ce projet global devait s'intégrer une proposition de rénovation du centre Carrefour, installé à Montigny depuis plus de quarante ans.

Et vous David Mangin, vous connaissiez Montigny ?
DM : Non, je savais seulement que c'était la ville de Robert Hue, l'ancien secrétaire national du PCF et le prédécesseur de Jean-Noël. Pierre Mansat, l'adjoint parisien en charge des relations avec les villes de la métropole, nous a mis en contact. Et j'ai découvert un maire déterminé, soucieux de changer l'image de sa commune. Et conscient, contrairement à nombre de ses collègues, que le modèle de la ville

franchisée n'était plus soutenable.

Lors de votre première rencontre, vous lui faîtes pourtant part de votre perplexité. La situation de Montigny est vraiment plus complexe que celle d'autres villes traversées par d'anciennes nationales...
DM : Oui, parce que ce n'est pas une entrée de ville à proprement parler. En amont comme en aval, la RD14 redevient une grande rue de banlieue, avec un minimum de qualité urbaine. A Montigny en revanche, on sent vraiment que l'espace urbain a été sacrifié. Pas ou peu de trottoir, pas de contre-allée, une inflation de panneaux signalétique qui masque les quelques pavillons encore présents, et enfin cet alignement sans fin de hangars commerciaux... La RD14 est moins une rue qu'une sorte d'aire autoroutière, raccordée à l'A15 et pensée en priorité pour les automobilistes de passage. Ceci est d'autant plus problématique que la RD traverse le cœur de la commune. Il suffit de faire 50 mètres, et vous vous re-trouvez en quartier pavillonnaire ou dans la ZUP. Le niveau de nuisance est bien plus élevé qu'à Herblay, où le centre est nettement en retrait par rapport à la départementale, ou qu'à Franconville, où l'urbanisme commercial a été cantonné en entrée de ville. Enfin, circonstance aggravante, la population se répartit assez équitablement des deux côtés de l'axe routier, ce qui en fait un élément de coupure très net. Bien plus, paradoxalement, que l'autoroute A15, qui a été aménagée en tranchée dans la pente menant de la plaine au vieux Montigny, et se laisse traverser comme une simple coupure verte.

Jean-Noël Carpentier, votre municipalité en appelle aujourd'hui à différents acteurs pour remédier à ses difficultés avec la RD14. Elle a pourtant aussi sa responsabilité. Ces zones commerciales ont été voulues par les exécutifs qui vous ont précédés...
JNC : Il faut rappeler l'histoire. Quand il a été élu en 1977, mon prédécesseur, Robert Hue, s'est retrouvé avec une

immense ZUP en préparation, installée par l'État et l'ancienne municipalité. Il fallait construire des écoles, crèches, centres sociaux, voiries... Il fallait même reconstruire une nouvelle mairie ! Cela coûtait extrêmement cher, et Montigny n'avait pas un sou. Nous étions une sorte de ville nouvelle, mais sans les financements qui vont avec. Robert Hue le raconte très bien dans son livre[4].

Quand l'A15 est arrivée au milieu des années 1970, la municipalité, c'est vrai, a fait le choix d'attirer la grande distribution pour accroître ses recettes fiscales. On peut lui reprocher de ne pas avoir cadré suffisamment les choses, mais elle n'était pas en position de force.

Et puis, c'était une toute autre époque. La consommation des ménages explosait, les hypermarchés véhiculaient une image de progrès et de modernité. Personne ne se souciait de développement durable et encore moins de « couture urbaine ». L'automobile était reine et le concept du « no parking (visible), no business » régnait en maître. Il n'y avait pas d'alternative à cette conception d'urbanisme commercial qu'aujourd'hui nous déplorons.

Enfin, il faut rappeler ce qu'était la crise du logement dans les années 1970. La France comptait des millions de mal logés. L'Etat a dû travailler dans l'urgence en inventant le principe des zones d'urbanisation prioritaire (ZUP). Et c'est ainsi que des quartiers de grands ensembles ont été posés un peu partout, sans prise en compte du contexte urbain, en se contentant de les raccorder aux grands axes routiers. Dans ce contexte, Robert Hue, à mes yeux, s'est montré plutôt visionnaire. Je rappelle tout de même qu'il a été élu en 1977 et que les choses étaient déjà engagées par l'ancienne municipalité. Il portait à l'époque un programme de dé-densification de la ZUP – une première en France. S'il ne s'était pas battu contre l'État, nous aurions eu 17 tours de 14 étages supplémentaires et nous serions aujourd'hui sans doute à plus de 35000 habitants au lieu des 20000 actuellement.

---
4 Robert Hue «Histoire de Montigny», 1986

Il y a le poids de l'histoire, mais il y a aussi le contexte spatial particulier dans lequel se trouve la ville. Montigny souffre de son insertion dans cette grande nappe commerciale qui s'étend le long de la RD14 de Franconville à Pierrelaye. Sur 5 km on a là l'un des plus gros pôles commerciaux de la région Île-de-France. Près de 250000 m² de surfaces de vente qui drainent des publics venant de tout l'ouest parisien...

JNC : Oui, et ce qui est paradoxal c'est que d'un point de vue strictement économique, Montigny pèse assez peu dans cet ensemble. Les grandes surfaces qui font le plus de chiffre d'affaire se trouvent à Herblay, juste après la frontière communale. Le Décathlon de la ZAC des Copistes est par exemple le plus grand d'Île-de-France. Au final ce sont plus de 300 enseignes qui sont présentes sur la zone. Parmi les principales : IKEA, Leroy Merlin, Carrefour, Leclerc, Kiloutou, Lapeyre, Zodio, Alinéa, FNAC, Darty, Boulanger, Kiabi, Mac-Donald, Truffaut, Maison du monde...

Je vous laisse imaginer le trafic routier que cela engendre. Malheureusement ces enseignes ne sont pas raccordées par un réseau de transports en commun et les accès routiers ne sont pas suffisamment calibrés. Il n'existe pas de contre-allées pour passer d'un magasin à l'autre, pire, les parkings ne sont même pas mutualisés. Le carrefour principal de la zone dit de « la patte d'oie d'Herblay » est complètement saturé. Et puis, c'est incroyable, il n'existe pas de bretelle de sortie d'autoroute au niveau de la ZAC des copistes. Conclusion les automobilistes qui viennent de l'ouest parisien et qui prennent l'autoroute ne vont pas jusqu'à la patte d'oie, ils préfèrent sortir avant et traverser Montigny, qu'il utilisent comme un itinéraire bis. Le samedi, ce sont plus 30000 véhicules qui traversent la commune. Cette congestion routière à des implications négatives sur le quotidien des habitants. Dans certains quartiers, les bouchons les empêchent tout simplement de sortir ou de rentrer chez eux. Et, plus généralement, ils engendrent une pollution importante aux particules fines, qui pose un vrai problème de santé publique.

Construction de la ZUP, en 1974. L'un des premiers bâtiments construit fut le magasin de Continent renommé ensuite Carrefour

Quelles sont vos propositions pour améliorer cette situation ?

JNC : Notre objectif, je le répète, est de créer un centre-ville à Montigny, raccordé à la RD14. Pour cela, il faut que la circulation se fluidifie dans l'ensemble de la zone commerciale intercommunale, et que les automobilistes puissent utiliser l'autoroute A15 jusqu'aux zones commerciales principales. Je demande donc au Conseil départemental de rénover totalement le carrefour de la patte d'oie d'Herblay. Il est responsable des bouchons sur la RD14, y compris sur la portion de Montigny. De même je demande à l'État d'améliorer la signalisation de la zone commerciale (indication de la zone des Copistes - Décathlon, Fnac, Darty..) sur l'autoroute A15; mais surtout je lui demande de construire une nouvelle bretelle d'autoroute au niveau de la rue Marceau-Colin (rue partagée en 2 entre les villes de Montigny et d'Herblay) pour desservir directement la zone commerciale des copistes.

Ces deux aménagements principaux ne sont pas irréalistes. Plusieurs maires les réclament. Il en coûterait 10 millions d'euros pour reconfigurer la patte d'oie et à peine 4 millions de plus pour une nouvelle bretelle d'autoroute. Ces budgets représentent des sommes tout à fait absorbables dans le cadre d'un accord global entre le Conseil départemental, l'État, la Région et l'agglomération du Val Parisis. Mais cela traîne depuis des années. Il n'y a pas d'autre choix que de mettre un peu de pression sur les autorités. C'est pour cette raison que nous avons fait une pétition pour exiger ces aménagements et que nous avons lancé un pavé dans la marre en proposant de passer temporairement la RD14 à deux fois une voie.

Votre voisin direct, le maire d'Herblay, critique vivement votre projet de mutation de la RD14 ...
JNC : Les communes voisines n'ont rien à craindre de la création d'un centre-ville à Montigny. Plusieurs d'ailleurs comprennent tout à fait mes revendications. Les aménagements routiers que nous proposons seront profitables à

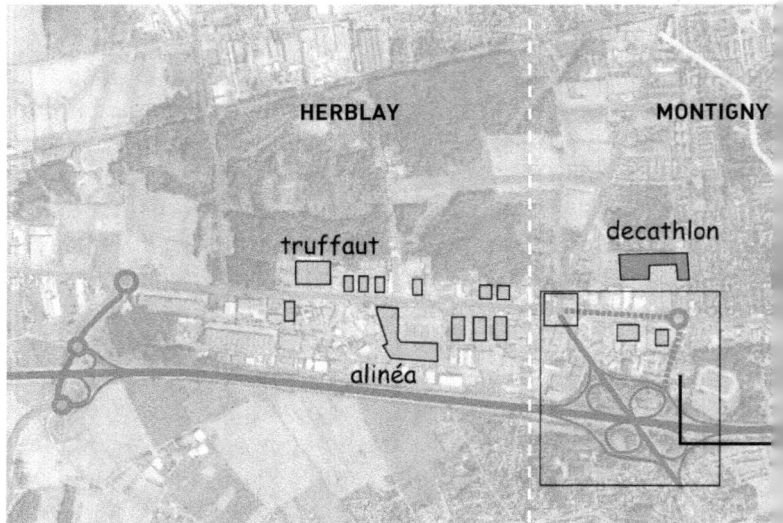

La prédominance de la grande distribution le long de la RD14

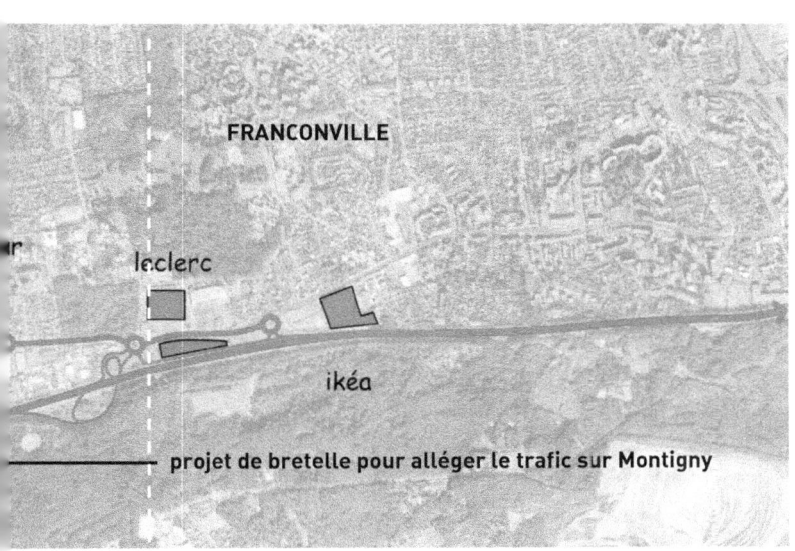

tous. Alors je me pose la question: est-ce une pure concurrence politicienne qui le pousse à s'opposer au projet de centre ville à Montigny ?

Reste que beaucoup jugent votre projet de centre-ville et d'aménagement de la RD14 en boulevard urbain comme utopiste.

JNC : Je nuancerais un peu votre propos. Les Ignymontains n'acceptent pas le statu quo. Je vous rappelle que la pétition que nous avons lancée à l'automne 2015 pour le réaménagement de la RD14 a recueilli un beau succès. Maintenant, il est vrai que beaucoup d'habitants s'interrogent sur la faisabilité de notre projet. Ce que les gens ne perçoivent peut-être pas, c'est que le temps presse. La zone commerciale baisse et les chiffres d'affaires stagnent ou diminuent. Au point que des friches commencent à apparaître ici et là. Les consommateurs ne sont pas fous. La route départementale est saturée chaque week-end, pourquoi venir s'y engluer, alors que vous pouvez aller ailleurs ou rester tranquillement chez vous et faire vos courses par internet ?

DM : Je rejoins Jean-Noël sur ce point. Cette zone commerciale est pour partie obsolète. Dans certains retail parks, les parkings sont compactés au cœur des complexes, et donnent accès à l'ensemble des enseignes, grandes ou petites. Cela permet aux petits poissons de se nourrir sur le dos des grosses baleines, en captant une partie de leur clientèle. C'est ce qui se passe par exemple à la ZAC des Copistes structurée en amphithéâtre autour du Décathlon. A Montigny, ça n'est pas le cas. Tous les magasins sont alignés le long de la départementale, sans lien les uns avec les autres. Compte tenu de la saturation du trafic, l'effet d'entraînement ne peut pas fonctionner. Quand vous vous êtes embêté pour aller à l'enseigne X, vous ne reprenez pas la voiture pour aller à l'enseigne Y.

Si la zone commerciale est amenée à décliner, vous pourriez la laisser tranquillement péricliter et lancer la réhabilitation ensuite...

DM : Nous pourrions laisser les choses se dégrader petit à petit, c'est vrai. Mais le risque, à trop attendre, est que la gangrène finisse par tuer le patient. Nous restons donc persuadés que c'est d'une requalification globale et cohérente de la RD14, dont Montigny et les autres communes ont besoin, plutôt que de retouches graduelles, au gré des opportunités foncières, comme nous les pratiquons aujourd'hui.

JNC : Il faut avoir aussi en tête que nous sommes une petite commune de 4 km², assez dense pour une ville de moyenne banlieue, avec très peu de foncier disponible. Si nous voulons évoluer, répondre aux objectifs de construction qui nous sont imposés par l'État, introduire un peu plus de mixité sociale, et revenir à une proportion de HLM plus équilibrée, nous avons besoin de terrains pouvant muter rapidement ; et les seuls terrains mutables sont précisément ceux des zones commerciales autour de la RD14. Il faut que ce boulevard devienne multi-fonctionnel et pas uniquement à vocation commerciale. C'est une condition fondamentale pour développer la ville, la rendre plus at-

Une desserte routière complexe et peu efficace pour absorber le flux de voitures..
Et un brin vieillissante...

trayante et dynamique. Une ville qui n'a pas de projet, c'est une ville qui périclite. Il faut savoir faire preuve de volontarisme. Ainsi, par exemple, je suis pour la mise en place d'un transport en commun en site propre, là où c'est possible le long de la RD14. J'ai été parmi les premiers à faire cette proposition il y a plusieurs années. Et je souhaite que l'on avance sur ce dossier même si j'entends que le montage de ce type d'opération, impliquant de nombreux acteurs institutionnels, prend énormément de temps.

Si l'on vous comprend bien, la zone commerciale est plus un boulet qu'un atout pour votre commune. Montigny a tout de même retiré une manne financière de la présence de ces grandes surfaces...
JNC : Dans le passé, oui, mais, depuis 2008, avec la mise en place de la taxe professionnelle unique, ces rentrées fiscales partent directement à l'agglomération du Val Parisis. Certes il y a un système de reversement, mais il diminue chaque année. Pourtant nos besoins n'ont pas diminué pour autant. D'où l'intérêt de ne plus tout miser sur le commerce. Nous faisons le pari d'une ville plus agréable à vivre avec un cœur battant où l'on peut se déplacer à pied ou à vélo. D'autres communes voisines ont des centres-villes, je ne vois pas pourquoi Montigny en serait privé. Et puis, il faut bien comprendre qu'avec ce projet de centre-ville ce sont des centaines d'emplois nouveaux qui seront créés. C'est profitable pour les habitants de Montigny mais aussi pour l'ensemble de l'agglomération du Val Parisis.

Jean-Noël Carpentier, vous l'avez dit, vous êtes parti la fleur au fusil en 2010, persuadé que votre projet de nouveau centre-ville dessiné par David Mangin susciterait l'adhésion des acteurs économiques et de la population. Vous avez péché par naïveté ?
JNC : Oui, il y avait sûrement une part de naïveté, mais, en même temps, je tiens à souligner que nous ne partions pas de rien. Montigny-lès-Cormeilles est une ville qui connaît

de nombreuses coupures du fait des axes routiers. Mais il existe un début de polarité avenue Aristide-Maillol, là où l'une des entrées du Carrefour fait face à la mairie, au centre culturel et à une jolie petite place. Cet espace est intéressant. Il est central et à proximité immédiate de la RD14. Le seul problème, c'est que cet espace, pour les gens extérieurs au quartier est invisible. Et ce pour une raison évidente : il est caché par le parking silo de l'hypermarché. Notre premier projet, avant même d'envisager une requalification du boulevard, a donc été de proposer d'enterrer ce parking pour ouvrir la place centrale sur la route et donc sur le reste de la ville. Cela me paraissait assez cohérent et simple, même si le coût du projet – 90 millions d'euros – était assez conséquent.

DM : D'autant que 15% des clients du Carrefour se rendent au magasin à pied depuis la ZUP. C'est une situation assez rare pour un hypermarché. Normalement, à moins qu'il n'existe une desserte en métro ou en tramway, on est à 98% d'accès en voiture. Cela méritait d'être valorisé.

Pour un hypermarché, se priver de parking, c'est compliqué...

DM : Mais on ne fait pas disparaître le parking ! On propose de l'enterrer pour pouvoir libérer un espace public et du foncier constructible, où l'on peut construire de nouveaux logements et des équipements publics. Cela s'est déjà fait. A Villejuif notamment. Pour les hypermarchés, c'est tout bénéfice. Ils peuvent enterrer leur parking en finançant les travaux par la construction de logements sur les espaces ainsi libérés.

Et pourtant, vous n'avez pas réussi à convaincre Carrefour ?

JNC : On a essayé de prendre attache avec eux. Nous avons même écrit au PDG de l'époque, Lars Olofsson, mais jamais nous n'avons pu avoir de réponse précise. Pendant un an, on nous a baladé d'une direction à l'autre. Au final, nous avons dû remballer notre projet. Tout ce que nous avons pu obtenir en contrepartie, c'est une végétalisation des entrées de l'hypermarché.

Comment expliquez-vous cette fin de non-recevoir ? Le marché de l'immobilier est très porteur en région parisienne, et les opérations mixtes logements-bureaux-activités sont plutôt à la mode dans les discours des promoteurs...

DM : Dans le cas de Carrefour, nous n'avions pas affaire à une société d'investissement immobilier, mais à un grand groupe de la distribution. Et les sociétés foncières liées à ces grands groupes sont dans des logiques déconnectées des problèmes d'urbanisme plus larges. Elles ne maîtrisent pas les projets complexes. Elles font du commerce, un point c'est tout. Quant aux beaux discours des promoteurs, ils sont à relativiser. Il faut vraiment que le terrain offre un très fort potentiel de valorisation comme à Paris intra-muros ou près des futures gares du Grand Paris, pour qu'ils réfléchissent concrètement à des programmes mixtes.

Vous évoquez vos difficultés avec Carrefour. Mais comment se positionnent les autres enseignes : Décathlon, Leroy-Merlin, Boulanger ? A terme, elles sont également concernées par votre projet de réduction des surfaces dévolues à l'automobile...

JNC : Elles se comportent à peu près de la même manière que Carrefour. Leurs raisonnements sont court-termistes. Le directeur d'un grand magasin reste rarement plus de trois ans en poste ; son objectif est donc d'optimiser ses résultats sur une très courte période. Si vous lui proposez quoi que ce soit qui perturbe son équilibre – des travaux pour améliorer la bretelle d'autoroute, deux semaines d'expérimentation sur la RD14 – vous allez automatiquement à l'affrontement.

DM : Il y a aussi une raison plus structurelle à ce manque d'appétence : la grande distribution depuis 20 ans s'est for-

Le projet d'une avenue et d'une place centrale avant

Le projet d'une avenue et d'une place centrale après

tement financiarisée (cf. 10 idées reçues sur l'urbanisme commercial). La plupart des enseignes vont aujourd'hui chercher les capitaux sur les marchés, et les marchés veulent du rendement de court terme.

Or, même si elles sont déclinantes, les grandes surfaces, construites avec trois poutres et deux bouts de tôle il y a trente ans, restent de formidables machines à cash, bien plus rentables que l'immobilier de bureaux. Bien souvent, les équipes commerciales des grandes enseignes seraient prêtes à envisager des évolutions. Mais ce sont les fameuses foncières qui s'y opposent. On retrouve la même logique financière chez les sociétés d'investissement immobilier cotées en bourse (Unibail-Rodamco, Klépierre, Altaréa...) qui possèdent les murs des très grands centres commerciaux.

Vraiment ?
DM : Oui. Cela donne même lieu à des situations proprement ubuesques. Je pense notamment au cas de Rosny 2, l'un des plus grands hubs de petite couronne. Demain, avec le prolongement de la ligne 11 et l'arrivée du métro du Grand Paris (ligne 15), cet immense centre commercial,

Le projet de mutation de la RD14 en boulevard urbain/ Carrefour...avant et après

qui dispose déjà d'une gare RER dédiée sur la ligne E et d'un accès direct aux autoroutes A3 et A36, se trouvera dans une situation de centralité semblables à celles de Val de Fontenay, de Massy ou de Belle-Epine à Rungis. S'il y a un endroit, où il serait logique et rentable de densifier en construisant des bureaux et du logement, c'est bien là. Le potentiel est incroyable, des milliers de m² de parkings sont sous-utilisés. Eh bien, pensez-vous qu'Unibail-Rodamco, le gestionnaire de Rosny 2 réfléchit à ce type d'opération d'envergure ? Pas du tout. Il reste à ce jour scotché au dogme du « no parking, no business », qui vous enjoint de vous étaler au maximum pour être visible et attirer les automobilistes. C'est un combat d'arrière garde !
JNC : Quand on a cela en tête, on mesure mieux le défi qui nous attend à Montigny, où la centralité est bien moins forte.

La grande distribution serait donc incapable d'identifier son propre intérêt...
DM : Il faut croire que oui. Tenez, pendant 10 ans, les gestionnaires se sont opposés à la desserte de leurs centres

par les tramways. Pour une raison officielle – « on ne fait pas rentrer un caddie dans un tram » – et pour une raison moins facile à assumer : ils pensaient que ce type de transports leur amènerait une population jeune, oisive, à faible capacité de consommation, autrement dit la « racaille ». Pourquoi ont-ils changé d'avis ? Parce que des grandes villes comme Bordeaux, Nantes ou Lyon ne leur ont pas laissé le choix : soit ils suivaient, soit les trams allaient desservir la concurrence. Ils ont finalement plié, et se sont rendus compte que les tramways avaient du bon, qu'ils fidélisaient une clientèle, qui reste peut-être moins longtemps qu'auparavant, mais revient plus régulièrement. Et ils ont changé leurs méthodes de livraisons. La morale de l'histoire, c'est que le volontarisme politique paye. Pour faire bouger les grands groupes dans leurs habitudes, il faut jouer sur la concurrence effrénée entre les groupes.

Le projet pour une grande place urbaine du centre-ville en réalisant un parking souterrain sous des logements... avant et après

Pourtant, la plupart des grandes enseignes admettent que les hypermarchés vont devoir évoluer vers plus de proximité et d'interactions avec le consommateur. Georges Plassat, le nouveau PDG de Carrefour considère même que l'avenir est aux « Grands magasins », intégrés à la ville. Sur de telles bases, il devrait être possible de trouver un terrain d'accord...

DM : C'est un signe positif. Notre discours va peut-être devenir audible. Mais, pour ce qui est du présent, force est de constater que « le champ de l'urbanisme commercial reste réfractaire à la problématique du développement durable », comme le notent très clairement les membres du Conseil général de l'Environnement et du Développement durable (CGEDD) et de l'Inspection générale des finances (IGF) dans leur récent rapport. Certaines enseignes font quelques efforts en construisant des nouveaux magasins sous label HQE ou en végétalisant leurs parkings. Mais ces

politiques vertueuses s'arrêtent là. Il n'y a pas de prise en compte réelle de l'impact social et urbain des implantations sur les territoires. On le voit dans les villes moyennes de province, où des centres-villes entiers sont menacés de désertification. Mais dans les quartiers prioritaires de banlieue aussi, ce système du tout-voiture tout-supermarché ne fonctionne plus, ruine le lien social, et ne permet plus le développement.

Puisque les acteurs économiques traînent des pieds, pourquoi ne pas avoir envisagé la voie de l'expropriation ?
JNC : Parce que nous n'en avons pas la capacité financière ! Les bâtiments commerciaux ont beau être amortis depuis des années, ils valent des fortunes tant qu'ils sont utilisés. Le prix des Domaines (celui de l'expropriation, ndlr.) ne prend pas seulement en compte le prix de la tôle et du parpaing ; mais également le loyer, le fonds de commerce, ou encore le chiffre d'affaires de l'entreprise qui y est installée. On arrive rapidement à des sommes astronomiques, même à Montigny, où la zone commerciale est loin d'être en excellente santé. Or, le prix d'acquisition du foncier conditionne la faisabilité des opérations nouvelles et mixtes. Quand le terrain est aussi coûteux, faire venir des opérateurs privés de bureaux, de logements ou d'équipements sportifs et culturels est très difficile.
DM : Ou alors il faudrait monter des immeubles de 15 étages, en pleine zone pavillonnaire. Personne ne le souhaite. Ni nous, ni les promoteurs, ni les habitants. Nous n'allons pas rééditer les erreurs d'il y a 40 ans. Ce que nous souhaitons réaliser, c'est un cœur de ville dense, mais autour d'espaces publics confortables.

Que faire alors ?
DM : Disons que nous travaillons « step by step », en actionnant plusieurs leviers.
JNC : Le premier, c'est celui de la circulation. Pour installer un centre ville à Montigny il faut réduire la circulation de

transit qui dépasse les 30000 véhicules/jour le week-end. Le second, c'est celui des équipements. Nous sommes en train de construire un cinéma sur le boulevard Bordier. Pour la première fois, on trouvera un équipement culturel, qui crée de la vie dans ce secteur. Enfin, le troisième levier, c'est le logement. Du fait de l'attractivité déclinante de la zone commerciale, des petites parcelles se libèrent progressivement – des pavillons isolés, de petits magasins qui ont du mal à survivre sont en vente. Nous espérons les remplacer par des constructions mêlant activité (bureaux, commerces, culture/sport, services publics...) et logements.

Des promoteurs sont actuellement à l'œuvre. Peu à peu l'idée de la réintégration de la RD14 dans la ville s'ancre dans les esprits. Cela devient un processus inéluctable : la départementale redevient un boulevard.

Vous ne craignez pas que se développe à nouveau un urbanisme anarchique, chaque promoteur construisant son immeuble sans se soucier de la cohérence d'ensemble ?

JNC : Non, parce que les règles du PLU imposent de s'engager sur des surfaces conséquentes et des gabarits adaptés.

DM : Nous avons défini des grands principes d'urbanisme. Par exemple, les bâtiments doivent être orientés de la même façon, perpendiculairement à la chaussée. Il ne s'agit pas de dicter la forme architecturale, mais d'éviter l'anarchie que vous évoquiez. Et de préparer l'avenir, pour que ces premières constructions puissent s'intégrer demain dans une requalification plus vaste du boulevard Bordier.

A vous écouter, il semblerait que l'urbanisme commercial de ces zones soit totalement dérégulé. Pourtant, il existe des commissions départementales ou nationale censées donner leur aval avant toute ouverture de grande surface de plus de 1000 m²...

DM : Cette régulation est assez théorique. Les commissions départementales et nationales de l'activité commerciale, dont vous parlez, sont des cotes mal taillées. On y trouve des commerçants, des élus, et l'État, qui, hélas, se présente en ordre dispersé. Avec d'un côté le ministère du Développement durable, qui plaide pour plus de régulation, et de l'autre Bercy, qui s'aligne presque systématiquement sur les positions de la grande distribution. Les associations de citoyens et de consommateurs ne sont pas suffisamment représentées. Aussi, au bout du compte, les partisans du laisser-faire l'emportent à coup sûr. D'autant que ce monde est assez endogène. Les grandes enseignes, les élus, les ingénieurs qui réalisent les routes se connaissent, sont habitués à travailler ensemble, et ont du mal à imaginer que les choses puissent fonctionner sur un autre modèle que celui du tout-automobile et du donnant-donnant. Un chiffre est particulièrement éloquent. Depuis 2009, le taux d'acceptation des CDAC n'est jamais descendu en-dessous de 90% en nombre de dossiers et en surface autorisée, ce qui, pour reprendre les auteurs du rapport de l'IGF et du CGEDD, « rend perplexe sur l'efficacité de la régulation ».

Les élus au moins pourraient peser en faveur d'un plus grand respect des équilibres territoriaux...
JNC : Ils sont le plus souvent dans des logiques micro-locales. Chacun protège son pré carré et conclut des deals avec ses voisins pour ne pas être embêté : « tu ne t'opposes pas à mon projet, je ne m'opposerai pas au tien ». Autrement dit, si un maire fait n'importe quoi chez lui, il y aura peu de monde pour s'y opposer. Je ne lance pas d'ailleurs la pierre à mes collègues. C'est le système qui est vicié. Quand j'ai souhaité créer un cinéma sur ma commune, le maire de Cormeilles-en-Parisis portait un projet similaire. Nous savions tous les deux que la zone de chalandise était insuffisante pour supporter deux cinémas. En commission départementale, nous avons quand même voté chacun pour le projet de l'autre. C'est finalement la commission

nationale qui a tranché à l'unanimité en faveur du projet de Montigny.

L'intercommunalité ne permet pas de dépasser ces logiques micro-locales ?
JNC : Si les intercommunalités prenaient systématiquement en compte l'intérêt du territoire, cela serait le cas. Mais l'élection, comme vous le savez, est indirecte, et les élus communautaires sont d'abord des représentants de leur propre commune. Dans le cas de Montigny, il est très clair que je n'ai pas le soutien de mon collègue et voisin d'Herblay sur le projet de requalification de la RD14. On me dit « ça va, arrête de te plaindre, mets quelques pots de fleurs si tu trouves que ton boulevard est moche, et ne tue pas la poule aux œufs d'or ». Par ailleurs, il ne faut pas être dupe. Il y a également des rivalités d'ordre politique au sein de l'agglomération.

Les autres communes de l'agglomération du Val-Parisis sont pourtant confrontées aux mêmes problématiques que vous...
JNC : Oui et non. Comme l'a souligné David tout à l'heure, les villes voisines n'ont pas le même rapport à la RD14. Soit la départementale passe sur leur frange, comme à Herblay et Pierrelaye, soit elle traverse leur hypercentre comme à Franconville, et les surfaces commerciales sont donc restées cantonnées en entrée de ville. Les nuisances générées ne sont pas du tout comparables. Et puis disons le franchement, je pense que le maire d'Herblay – en plus de certaines considérations politiciennes - estime que la RD14 à Montigny constitue un parfait itinéraire bis pour rabattre la clientèle sur sa zone commerciale.

Si l'on vous suit bien, il faut chercher une porte de sortie du côté de l'État...
DM : Si l'on veut avancer rapidement, oui. Il faut que l'État mette un terme au laisser-faire, conditionne l'ouverture de

nouvelles surfaces commerciales au respect des critères de développement durable, et que des opérateurs publics puissants prennent la main pour assurer la mutation des zones commerciales obsolètes. Autrement dit, il faut « renationaliser les nationales ! ». Ce sont des axes historiques, qui structurent le paysage francilien, et qui pourraient lui redonner de la polarité et de la cohérence, à l'image des grandes avenues haussmanniennes à Paris. Dans le cadre du Grand Paris, c'est là qu'il aurait fallu mettre le plus gros de l'investissement public et du portage foncier. Au lieu de quoi, on s'est concentré sur les futurs quartiers de gares, qui n'avaient pas besoin d'être aidés. L'attractivité y est telle que le privé se serait parfaitement débrouillé tout seul.

JNC : Cette question du Grand Paris est en effet cruciale. Le territoire du Parisis, et plus largement le département du Val d'Oise, en sont les grands oubliés. Le futur métro automatique passe à peu près partout en banlieue, sauf chez nous, alors que, comme le souligne David, l'arrivée d'un transport lourd facilite grandement les opérations de mutation.

Qu'en est-il concrètement de l'action de l'État à Montigny concernant la RD14 ?

JNC : Il est présent, mais ne s'est jamais engagé financièrement. En 2012, les communes riveraines de la départementale ont participé, avec sept autres sites, à l'Atelier national « territoires économiques » lancé par le ministère du Développement durable. L'architecte François Leclercq qui travaillait sur notre dossier, en concertation avec les élus, les services de l'Etat, et les acteurs économiques, a souligné que la RD14 devait se renouveler et « maîtriser son paysage commercial » pour devenir « le lieu d'une urbanité partagée, d'un centre-ville linéaire, d'un lieu de rencontre pour les citoyens des quatre villes qui la bordent ». Bref, il disait la même chose que nous ! Qu'en est-il sorti ? Concrètement, pas grand-chose. Tout au plus cela a-t-il donné de la crédibilité à notre démarche. Nous sommes ainsi en train de discuter avec l'Établissement public foncier d'Île-de-France pour qu'il s'implique financièrement dans la mutation du boulevard Bordier. Les sommes sont modestes – on parle de 20 à 30 millions d'euros, là où la simple requalification du parking du Carrefour en coûterait, je le rappelle, 90 – mais cela nous permettrait de réaménager

Le projet de mutation de la RD14 en boulevard urbain (Le Mégarama livré fin 2017)

quelques parcelles. Et de créer un choc psychologique. Les propriétaires de petites surfaces commerciales - celles qui sont les plus en difficulté - commencent à comprendre - plusieurs me l'ont dit - que la mutation de la zone est inéluctable. Il savent que le modèle économique de la RD14 s'essouffle et que cela devra changer. Si l'État intervient, nombre d'entre eux seront enclins à envisager une vente de leur bien à court ou moyen terme à un prix intéressant pour eux.

Dans leur récent rapport « Inscrire les dynamiques du commerce dans la ville durable », les rapporteurs de l'IGF et du CGEDD évoquent une piste : créer une agence nationale chargée de requalifier les zones commerciales, à l'image de ce que fait l'ANRU depuis treize ans dans les quartiers sensibles. Cette agence serait dotée d'un budget de 500 millions d'euros par an. Cela vous paraît à la hauteur des enjeux ?
JNC : Je ne me prononcerai pas sur le chiffrage, mais il est clair que nous avons besoin d'un apport massif d'argent public. Tant qu'à faire de la relance par l'investissement, je trouverais plutôt judicieux de concentrer les efforts sur des territoires comme les nôtres. Il y a aussi des pistes à explorer du côté de la fiscalité. Si les grands groupes ne réinvestissent pas leurs bénéfices dans la mise à niveau de leurs magasins, il faut les y inciter. Le rapport que vous évoquez plaide d'ailleurs pour un relèvement de la fiscalité pesant sur les zones commerciales, « consommatrices d'espace et coupées des lieux de vie ». Ceci dit, ce n'est qu'une proposition dans un rapport, et, politiquement, ce ne sera pas aisé à réaliser.

Il y a huit ans, dans son discours sur le Grand Paris, Nicolas Sarkozy promettait de « remettre l'architecture et l'urbanisme au coeur de nos choix politiques », en rompant « avec le fonctionnalisme qui a spécialisé et séparé là où il aurait fallu au contraire mélanger et réunir ». Hé-

las, à l'occasion de cette élection présidentielle, pas un seul des candidats à ne s'est saisi du sujet. C'est une déception ?
DM : Cela va peut-être vous surprendre, mais, pour ma part, j'en attends finalement moins des politiques que du marché. J'ai l'esprit dialectique. Et je crois que, quand un système est confronté à des contradictions trop fortes, il évolue. Dans l'urbanisme, on l'a vu avec la maison individuelle. Pendant 30 ans, une loi d'airain nous expliquait que les pavillons ne pouvaient être construits que sur des parcelles vastes, isolés les uns des autres. Et les maires reproduisaient cette pensée unique dans les plans d'occupation des sols, rendant toute densification impossible. Et puis, à un moment donné avec la crise du logement et les recompositions familiales, il a fallu construire des extensions ou rediviser les parcelles. Les verrous psychologiques ont sauté, et aujourd'hui, comble de l'audace, on en revient même aux maisons mitoyennes. Un jour, je veux croire que ce qui se passe avec les parcelles pavillonnaires se passera avec nos fameux parkings de centres commerciaux. La grande distribution fera son aggiornamento. Il faut avoir foi en l'avenir.

Vous aussi, Jean-Noël Carpentier, vous partagez cet optimisme ?
JNC : En partie, oui. Je veux croire comme David que nos idées infusent lentement. Les questions afférentes au lien social, aux circuits courts, au développement durable, sont beaucoup plus présentes dans le débat qu'elles ne l'étaient il y a huit ans. Même si les grandes enseignes font beaucoup de green washing, elles se sont au moins saisies de ces thématiques. Maintenant, je dois avouer que ce n'est pas évident pour un maire d'une petite ville comme moi de se battre contre des grands groupes internationaux. Le rapport entre la dépense d'énergie et les résultats obtenus ne me paraît pas toujours top. Je ne vais pas vous cacher que j'ai parfois des moments de découragements mais qui

ne durent jamais. Par contre à aucun moment je ne me suis senti impuissant.

On a beaucoup parlé de circulation et de grande distribution. Mais finalement n'y-a-t-il pas un enjeu d'urbanisme plus important pour l'avenir de nos villes?
DM : Oui, tout à fait. Il ne faut pas réduire cette affaire à une appréciation esthétique toute relative. C'est un enjeu de « mode de ville » plus soutenable, plus durable dont il s'agit. « Le tout voiture » doit être dépassé. La ville doit être pensée différemment. C'est aussi un enjeu de santé publique. La dépendance automobile pour les tâches quotidiennes – amener les enfants à l'école, aller à l'arrêt de transport en commun, faire ses courses – doit pouvoir se faire à pied ou en vélo (électrique). Il faut être attentif à un urbanisme d'itinéraire au quotidien où les formes urbaines d'habitat, de commerces et d'emploi sont liées. La grande distribution dans son format actuel sent bien qu'il faudrait évoluer. Mais les habitudes et les intérêts qui y sont liés (rentabilité, filière agro-alimentaire) sont des facteurs d'inertie puissants qui empêchent les évolutions alors que beaucoup de nos voisins européens ont depuis longtemps réalisé cette mue. Cette spécificité française mérite un grand débat public pour aider les villes à se transformer et sortir de l'opposition métropoles versus périurbain.
JNC : L'urbanisme ne doit pas être un art abstrait. Il doit prendre en compte les nouvelles aspirations qui grandissent dans la société. Il peut nous aider à franchir les obstacles qui empêchent les villes de se transformer. Il peut être utile pour porter la contradiction face aux lobbys de la voiture et de la grande distribution. Nos concitoyens veulent manger plus sainement, veulent un commerce plus équitable, veulent moins de pollution aux particules fines, veulent marcher plus. Ils veulent des centres-villes où l'on peut faire ses courses, boire un verre, aller au spectacle. Bref ils veulent des villes vivantes et agréables où l'on peut rencontrer du monde lors de ses activités quotidiennes, où l'on peut

faire connaissance et tisser du lien social. Quoiqu'en disent leurs représentants, les très grandes zones commerciales individualisent les relations humaines. Il faut réorganiser nos modes de consommation. Nos concitoyens le souhaitent. La grande distribution doit reconnaître cet état de fait. Elle le fait dans les grandes villes car c'est peu risqué financièrement, mais elle rechigne à le faire dans les villes de taille modeste, là justement où sont installées des zones commerciales d'entrée de ville. Il va pourtant bien falloir qu'elle se conforme aux attentes de ses consommateurs et des riverains de ces zones. L'État, les collectivités territoriales et les acteurs économiques poussent dans ce très nombreuses villes françaises pour inciter le grand commerce à changer de logique. Et je me félicite que de plus en plus de nos concitoyens à travers divers mouvements fassent entendre leurs souhaits. Dynamiser les villes petites et moyennes constitue un enjeu politique, économique et social majeur pour les années à venir. Il faut remédier au phénomène du déclin du centre-ville en France. J'ajoute que cette mutation, que ce changement d'esprit, permettrait à coup sûr de relancer une part importante de notre économie avec beaucoup de créations d'emplois à la clé.

...dix idées reçues sur le commerce

« 10 idées reçues concernant l'urbanisme commercial, et quelques pistes pour en sortir... » (extrait de « Du Farwest à la ville » éditions Parenthèses - 2014)

1. « la question du commerce se réduirait aux zones commerciales d'entrée de ville »
La question est plus large, elle englobe :
- les commerces de rues des centres-villes et des faubourgs
- les « centres routes commerciaux » (nationales, « entrées de villes »)
- les « hypers » toujours plus loin, toujours plus grands
- les « supers » des nappes de lotissements
- les différentes formes de drive-in : e-drive, e-dépôt...

2. « améliorer les environnements commerciaux serait affaire d'esthétique »
- la publicité est un support dépassé. Son rôle de signalétique et de promotion de produits est aujourd'hui défiée par les NTC (le consommateur prescripteur, le GPS et les applications)
- les « boîtes » sont davantage des problèmes de situation urbaine, d'adresse, d'ouvertures, de con-sommation énergétique... que de forme. Le véritable enjeu est l'armature urbaine qui les dessert, conditionnée par les nappes de parkings. Ceux-ci posent aujourd'hui un problème de mutualisation et de (ré)investissement...

3. « la rentabilité des zones commerciales serait principalement liée aux échanges commerciaux »
- les rentabilités varient en fonction des activités et des lieux
- les commerces forment des valeurs immobilières complexes qui superposent propriété foncière, murs,

baux, fonds de commerces...
- avec la financiarisation des grands groupes et le développement des foncières, le développement à court terme de nouveaux actifs immobiliers importe autant et parfois plus que la rentabilité à proprement parler des sites concernés.

4. « les zones commerciales seraient des friches facilement mutables » ou... la grande illusion

Les valeurs immobilières décrites précédemment peuvent atteindre des sommes très importantes. Cependant différents scénarios de créations de valeur sont possibles selon les modes de mutation envisages (transfert, densification, extension...) en prenant appui sur l'évolution des documents d'urbanisme pour favoriser densification, mixité fonctionnelle, substitution par du logement ou des activités.

5. « la croissance serait sans bornes »

Les grandes enseignes elles-mêmes commencent à émettre des doutes sur la pérennité de leur modèle économique
Trois questions se posent :
- Comment gérer la décroissance du commerce physique ?
- Comment traiter les friches commerciales (voir le phénomène des « dead malls » au Etats-Unis).
- Comment accompagner les porteurs de projets au service d'une organisation commerciale durable ?

6. « l'emploi justifierait tout »
- Les chiffres annoncés lors de la création d'un nouveau projet n'ont aucun sens sans une appréciation des impacts sur le contexte : les créations d'emploi de l'un sont souvent les pertes d'emploi de l'autre, et les emplois créés à l'ouverture ne sont pas à l'abri des ajustements
- La question de la nature des emplois créés (flexibilité,

temps partiel...) est rarement posée
- L'évolution des nombres et des types d'emplois est incertaine face à la numérisation des tâches

7. « la logistique serait la source majeure des déplacements »
- Cette illusion est fréquemment associée au développement fulgurant des flux logistiques ces dernières années (messageries...) mais :
- Les déplacements des consommateurs restent très largement supérieurs aux flux logistiques qui approvisionnent les centres commerciaux
- On peut penser que le développement des circuits courts (marchés, AMAP, boutiques éphémères) influe positivement sur les bilans (à définir, à mesurer)
- Les solutions déployées par l'e-commerce (conciergeries, casiers boites aux lettres, livraison dans les gares...) optimisent les livraisons.

8. « le transport en commun ne serait pas adapté au caddie »
- Cette objection est aujourd'hui dépassée par des expériences contraires qui montrent :
- Une modification des capacités de mobilités (moins longtemps, plus souvent)
- Une adaptation des offres commerciales (horaires, livraisons, emballages...) et des espaces de parkings et de magasins

9. « les aires commerciales seraient les places publiques d'aujourd'hui »
Faux : ce sont avant tout des parkings et ceux-ci sont et restent des emprises privées, le plus souvent enclavées par le dessin des infrastructures.
Les nouveaux « retails parcs », rues artificielles au milieu d'un océan de parkings ne règlent pas la question.
Quant aux parkings en infra ou en silos projetés à l'occa-

sion de la rénovation des sites, ils sont souvent pensés sous la forme de dalles superposées qui ne dégagent pas des espaces publics réels. Pour inscrire les sites existants dans la continuité de la trame urbaine on peut transformer les parkings par la création :
- Des mails et des contre allées pour les surfaces petites et moyennes ;
- D'aires plantées et mutualisées pour les surfaces moyennes (et ainsi renforcer l'attractivité des voisinages thématiques).

10. « il y aurait une fatalité certaine à la pérennité du modèle »

En résumé, l'urbanisme commercial vu par les opérateurs est souvent :
- Générique (système auto, infra, étalement urbain, grande distribution),
- Grégaire (vraies-fausses innovations)
- Opportuniste (guérillas de positions)
- De lourds facteurs financiers d'immobilité pèsent :
- La sauvegarde des marges de promotion et du taux de capitalisation réduisent les prises de risques et les investissements ;

Les propriétaires non institutionnels gèrent leurs actifs comme complément de retraites et constitution de patrimoine, mais...
- Les évolutions urbaines permettent aujourd'hui la rentabilité de surfaces de proximité
- Le renchérissement du coût du transport individuel nécessite le retour du commerce de proximité

si existent ...

- Des projets urbains et territoriaux : une visibilité pour les acteurs
- Un rôle du politique efficace à l'échelle de l'agglomération

- Des modifications du contexte juridique et financier

... et quelques leviers de transformation :
- Des aires de chalandise plus denses pour créer des commerces de proximité
- L'arrivée de TC justifie l'utilité publique pour agir sur l'espace public et la mixité fonctionnelle
- Des gouvernances d'agglomérations permettant d'avoir une stratégie commune sur le commerce et une cohérence dans le projet urbain
- Réformer la question de la valorisation des fonds de commerces
- Installer des fiscalités incitatives à des (dé)localisations préférentielles

1

2

3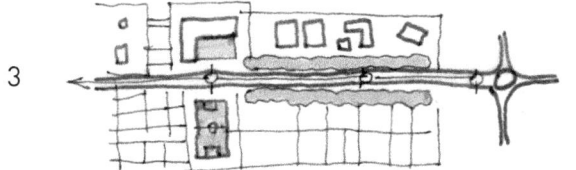

4

1. Situation initiale
2. Arrivée des transports en commun
3. Implantation d'équipements de sport et loisirs et d'activités tertiaires/services
4. Implantation de logements et d'équipements

Qui sont-ils ?

JEAN-NOEL CARPENTIER né en 1969 à Nanterre est maire de Montigny-lès-Cormeilles depuis 2009 et député du Val d'Oise (2012-2017). Porteur avec son équipe municipale d'un projet de développement de la commune à travers la création d'un centre-ville, il a très vite été confronté au puissant lobby commercial installé le long de la route départementale qui traverse la commune (RD14). Il souhaite parvenir à persuader l'ensemble des acteurs (pouvoirs publics, élus locaux du secteur, décideurs économiques...) que son objectif est possible.

DAVID MANGIN né à Paris en 1949 est architecte-urbaniste. Il a obtenu le grand prix d'urbanisme en 2008. Associé à l'agence SEURA depuis 1989. Il enseigne à l'école d'architecture de la ville et des territoires à Marne-la-vallée ainsi qu'à l'école nationale des ponts et chaussées à Paris. Parmi les grands spécialistes de l'urbanisme commercial, il a notamment travaillé sur de grands projets urbains intégrant la mutation de grands centres commerciaux (quartier des Halles à Paris, le quartier de Pont de l'Âne-Monthieu à Saint-Étienne, le quartier de la Poterie à Ferney-Voltaire ...).

LA RD14

Route historique rejoignant Paris au Havre. Avec l'arrivée de l'autoroute A15 elle est devenue une route secondaire gérée par les départements qu'elle traverse. Dans le secteur du Parisis, et notamment entre les villes de Franconville, Montigny, Herblay et Pierrelaye elle s'est peu à peu transformée en boulevard commercial à partir des années 1970. Ce tronçon est symptomatique de ce que l'on appelle « les boulevards commerciaux d'entrée de ville » qui sont de plus en plus décriés pour leur paysage dé-gradé et leur caractère hors sol. La voirie est la propriété du Conseil départemental, l'Agglomération du Val Parisis possède la compétence économique et à ce titre peut procéder à des préemptions sur les ventes de commerces. Les communes (Franconville, Montigny, Herblay, Pierrelaye) quant à elles possèdent les pouvoirs de permis de construire, de police de circulation.

LES COMMERCES

Plus de 300 enseignes sont implantées le long de la RD14 sur plus de 5 km. Elles totalisent près de 250000 m2 de surface commerciale. La taille de chaque magasin varie beaucoup. En général les magasins de taille modeste ne sont pas propriétaires du foncier. Les parcelles foncières, de petites tailles, appartiennent à de nombreux propriétaires. Les grosses enseignes quant à elles sont souvent propriétaires du foncier, mais ce n'est pas systématique. Les propriétaires du foncier jouissent de prix de loyers importants. Les enseignes des commerces sont très diverses. La majorité d'entre-elles sont indépendantes des grands groupes commerciaux, mais elles ne représentent pas la majorité des surfaces de vente, ni du chiffre d'affaires. Les autres, souvent les plus connues, appartiennent à des grands groupes. On note surtout la présence massive de la famille Mulliez à travers de très nombreuses enseignes et parmi les plus importantes (Auchan drive, Leroy Merlin, Zodio, Kiloutou, Gémo, Norauto, Flunch, Boulanger, Décathlon, Saint-Maclou, Alinéa, Cultura, Phildar, Kiabi...). Il y a d'autres grands groupes : Ikéa, Carrefour, Leclerc... Les groupes ne communiquent pas sur le chiffre d'affaires par magasin, mais on peut estimer que le chiffre d'affaires total du barreau commercial de la RD14 oscille autour du milliard d'euros.

Sommaire

Le Maire, l'Architecte et la RD14..7

La ville franchisée *par Jean-Noël Carpentier*...........................14

Montigny-lès-Cormeilles *par David Mangin*......................... 18

Interview croisée...21

...et dix idées reçues sur l'urbanisme commercial......... 48

Qui sont-ils?...54

Imprimé par Books on Demand GmbH, Norderstedt, Allemagne

www.ingramcontent.com/pod-product-compliance
Lightning Source LLC
Chambersburg PA
CBHW071217240526
45470CB00018B/2068